儿童财商故事系列

那些比钱更重要的事

曹葵 著

四川科学技术出版社
·成都·

图书在版编目（ＣＩＰ）数据

儿童财商故事系列. 那些比钱更重要的事 / 曹葵著. --
成都：四川科学技术出版社, 2022.3
ISBN 978-7-5727-0296-9

Ⅰ.①儿… Ⅱ.①曹… Ⅲ.①财务管理—儿童读物
Ⅳ.①TS976.15-49

中国版本图书馆CIP数据核字（2021）第193382号

儿童财商故事系列·那些比钱更重要的事

ERTONG CAISHANG GUSHI XILIE·NAXIE BI QIAN GENG ZHONGYAO DE SHI

著　者	曹葵
出品人	程佳月
策划编辑	汲鑫欣
责任编辑	张湉湉
特约编辑	杨晓静
助理编辑	文景茹
监　制	马剑涛
封面设计	侯茗轩
版式设计	林　兰　侯茗轩
责任出版	欧晓春
内文插图	浩馨图社
出版发行	四川科学技术出版社

地址：四川省成都市槐树街2号　邮政编码：610031
官方微博：http://weibo.com/sckjcbs
官方微信公众号：sckjcbs
传真：028-87734035

成品尺寸	160 mm × 230 mm
印　张	4
字　数	80千
印　刷	天宇万达印刷有限公司
版　次	2022年3月第1版
印　次	2022年3月第1次印刷
定　价	18.50元

ISBN 978-7-5727-0296-9

邮购：四川省成都市槐树街2号　邮政编码：610031
电话：028-87734035

目录

小亦

咚咚的妹妹，喜欢思考，
行动力强，善于沟通

咚咚

古灵精怪，好奇心强，
想法多，勇于尝试

咚爸

性格温和，
有耐心，
非常理解孩子

咚妈

脾气有些急，
但有爱心，
理解并尊重孩子

第 1 章

我们不是金钱的"奴隶"

小朋友，你知道吗？金钱是有"魔法"的。如果我们合理地对待它，它就安安分分地待在我们的钱包里、银行账户里；如果我们过于重视它，它就开始嚣张跋扈，甚至想要操控我们的人生。如果不想成为金钱的"奴隶"，我们就要学会正确看待和使用金钱。

咚咚和咚妈去林阿姨家做客。林阿姨家里的装潢非常豪华。

咚妈和林阿姨开心地聊天儿，林阿姨的丈夫在一旁看杂志，咚咚和林阿姨家的小弟弟玩儿游戏，大家都很高兴。

可是，林阿姨的一句话打破了这美好的氛围。

林阿姨对咚妈说："听说 × × 大牌新出了一款限量版的包，我打算买一个。"

林阿姨的丈夫一听这话，顿时生气地说："你已经有那么多包了，怎么还要买？"

"那些包都是旧款，我要买新款的！"林阿姨大声说。

"旧款的怎么啦，不是也能用吗？"

"不，我就要买新款的包！"

他们夫妻俩为此争吵了起来。

咚妈不知道该劝谁好，非常尴尬，只好和他们道别，带着咚咚离开了。

妈妈，他们不缺钱，怎么会为一个包吵架？

因为林阿姨变成了金钱的"奴隶"。

走出林阿姨家，咚咚说："妈妈，林阿姨不就是想买个包嘛，他们家很富裕，完全能买得起呀！"

"傻孩子，他们之所以争吵，不是因为包的价格高，而是因为林阿姨的生活太铺张浪费了。她已经变成金钱的'奴隶'了。"咚妈告诉他。

"啊？我只知道不花钱的'守财奴'是金钱的'奴隶'，难道爱花钱的人也是金钱的'奴隶'吗？"咚咚非常不理解咚妈说的话。

"其实，凡是没有正确看待和使用金钱的人都是金钱的'奴隶'。"咚妈说，"'守财奴'是把金钱看得比生命还重要，不舍得花一分一厘。而花钱无度、铺张浪费的人也属于被金钱驱使和控制，失去了自我。"

"太舍不得花钱不对，太爱花钱也不行，那我们怎么做才不会成为金钱的'奴隶'呢？"咚咚不解地问。

花钱都这么难。

舍不得花钱　爱花钱

"很简单，只要我们管住自己，该花的钱一定要花，该省的钱也一定要省，每天快乐生活，不为金钱而过度烦恼就可以了。"咚妈说。

"妈妈，我觉得您说得不对。"咚咚反驳道，"为金钱烦恼的都是穷人，富人才不会为金钱烦恼呢！他们只会吃好的、喝好的，别提有多高兴了！"

他们边走边说，不知不觉就到家了。

美国作家马克·吐温曾经说过，当我们懂得如何使用金钱时，金钱就是我们忠实的仆人；如果我们不会使用金钱，它就会成为我们的主人。

那么，我们该如何使用金钱呢？努力挣钱，理智消费，适度储蓄，利用手里的金钱让自己生活得更好，这就是金钱正确的使用方法。

"这你可就说错了！"咚妈边开门边说，"富人也会为金钱烦恼的。"

"你们怎么这么快就回来了？"正在看电视的咚爸问。

"别提了，林阿姨和叔叔吵起来了！"咚咚说，"林阿姨想买一个包，但是叔叔不同意，就和她争吵起来，埋怨她买的包太多了。妈妈说林阿姨变成金钱的'奴隶'了。"

"她每天都被金钱驱使着出去购物，不是'奴隶'是什么？"咚爸非常赞同咚妈的观点。

"妈妈还说富人也会为金钱烦恼呢！"咚咚说，"这我可不相信！"

"你妈妈说得很对。"咚爸说，"我就认识一个天天为金钱发愁的富人。"

"那就怪了，他有什么可愁的，难道是觉得钱太多了花不完吗？"咚咚十分纳闷儿地说。

有钱花不是挺好吗？

"当然不是啦！他每天都在担心自己万一变成穷人怎么办。"咚爸说。

"这是为什么？"咚咚还从没听说过这种怪事儿呢。

"因为他从小就受苦受穷，已经穷怕了，他发誓长大后一定要做个有钱人。"咚爸讲述道，"后来他就拼命挣钱，经过很多年的努力，终于变成一个有钱人。"

"哇，好棒呀！"咚咚羡慕地说。

"可是他一点儿都不快乐，总是担心自己会变成穷人，所以继续拼命挣钱，其他的事情都毫不在意。"咚爸又说。

"连朋友、亲人都不在意吗？"咚咚问道。

如果我变成穷人可怎么办？

"对呀，除了父母之外，他几乎不和其他人交往，即便是交往的，也只是一些生意上的合作伙伴。"咚爸摇着头，感慨地说。

"他连好朋友都没有，那真是太可怜了！"咚咚说，"可是，挣钱并没有错呀！"

　　"挣钱当然没有错，但是也要适可而止，不能把挣钱当作人生唯一的追求。"咚爸说。

　　"我明白了，金钱很重要，但是快乐生活比金钱更重要。"咚咚说，"您说的这个富人其实不用那么担心变穷，林阿姨也不需要买那么多包，他们还有更多有意义的事情可做。"

　　"真是孺子可教！"咚爸笑着摸摸咚咚的头。

　　不做金钱的"奴隶"，并不是阻止我们追求财富，因为没有钱我们是寸步难行的。但是对于金钱，我们要"取之有道，求之有度"。这是什么意思呢？就是挣钱要光明正大，追求财富要适可而止，不能过于重视金钱。

健康是我们最大的财富

大人们常说"身体是革命的本钱"，因为只有身体健康，我们才能更好地追求幸福人生。如果没有健康的身体，我们挣再多的钱也不会幸福。就像有人说的：一个健康的乞丐，远比一个病危的国王更幸福。

　　这天，小亦告诉三条一件事："我的一位远房叔叔突然病倒了，要在病床上躺很久呢！医生说就算治好了病，他以后也会非常虚弱。"小亦非常同情叔叔。

　　"啊？这么严重呀？"三条也觉得这位叔叔很可怜。

　　"我妈妈说，他的病都是挣钱挣出来的。"小亦又说。

　　"挣钱还能挣出病来，这也太奇怪了吧！"三条惊讶地说。

　　"叔叔年轻的时候一直在努力挣钱，几乎从来没有休息过，慢慢地就累病了。"小亦解释说。

　　"那他之前没发现身体不舒服吗？"三条十分疑惑。

　　"其实前年体检后他就知道自己的身体不太好，可是为了多挣点儿钱，他一直拖着不去医院治病。结果病情慢慢加重，他的身体彻底垮了。"小亦说这话时十分难过。

　　"唉，如果他一开始就积极治病的话，也许病情就不会变成现在这么严重了。"三条感叹道。

这天，小亦和咚爸咚妈一起去医院探望叔叔。

"你一定要好好治病，早点儿康复！"咚妈对叔叔说。

"唉，别提了，我住院这几天少挣好多钱呢！"叔叔难过地说。

"你就别操心这些事情了，公司还有其他人呢！"咚爸劝道。

"他们都只是员工，哪儿能像我这样尽心尽力呀！"叔叔根本听不进别人的劝，一副愁眉苦脸的样子。

从医院出来后，小亦对父母说："叔叔真是太敬业了，都病成这样了还在操心工作上的事情。"

咚爸却生气地说："工作再重要也没有身体重要啊，他这分明就是挣钱不要命嘛！"

最不想来的地方，就是医院了。

"您怎么能这么说呢！我觉得叔叔挺厉害的。"小亦说。

"宝贝儿，你要知道，健康才是我们最大的财富。如果连健康都没了，我们挣再多的钱又有什么用呢？"咚妈说。

只要有钱，就不怕得病，挣钱当然更重要啊！

"可是，有了钱我们什么都能买得到，就算生点儿小病也不是什么大事儿啊！"小亦说。

"你啊，以后会明白这个道理的。"咚妈说。

有的人认为金钱比健康重要，认为金钱可以买来健康。金钱的确可以帮我们治疗一般的疾病，但无法驱除疾病给我们带来的痛苦和烦忧。即便是富可敌国的人，也会因为疾病而痛不欲生。

健康是无法用金钱买来的。

求求您救救我吧！

好疼啊！

没过几天，小亦上体育课时不小心把胳膊摔脱臼了，她疼得哇哇大哭，老师赶紧带她去医院。

"我用石膏把你的胳膊固定住，这样能康复得快一些。"医生把她的骨头复位后说，"暂时不能剧烈运动，一周内不能上体育课。"

"好吧。"小亦哭丧着脸说。

咚爸咚妈很快赶到医院，看小亦眼泪汪汪的，非常心疼。

因为一只胳膊被固定着，小亦很多事情都做不了。

"妈妈，我好无聊啊！"小亦抱怨道。

"这下你知道健康有多重要了吧！"咚妈说，"如果你的胳膊没有受伤脱臼，就可以和同学们玩儿了。"

什么游戏都玩儿不了，太无聊啦！

咚妈接着说："你看，生病多耽误事儿呀！现在生病会影响学习、运动，长大后生病就会影响工作。没有健康的身体，我们哪儿有机会学习、挣钱、享受生活啊？"

一个星期过去了，小亦的石膏拆了，她又可以快乐地上学，和同学们一起玩儿了，身体健康的感觉真好啊！

我们该如何保持健康呢？要早睡早起，保证充足的睡眠；要好好吃饭，摄入均衡的营养；要积极乐观，保持良好的心态；要经常运动，拥有健康的体魄；要按时体检，及时发现并消除身体内的健康隐患；还要通过注射疫苗等方式，做好个人防护。

第3章

金钱买不来友谊和亲情

　　金钱可以买到糖果，但无法买到内心的甜蜜和幸福；金钱可以买到陪伴，却买不到别人的真心和关怀；金钱可以买到看得见、摸得着的东西，却买不到藏在我们内心深处的感情，比如友谊和亲情。

　　皮蛋儿和小亦闹矛盾了。

　　"你怎么能把我送给你的礼物给别人呢？"小亦生气地质问皮蛋儿。

　　"有什么大不了的，你既然送给我了，那就是我的东西，我想给谁就给谁！"皮蛋儿理直气壮地反驳道。

　　"早知道你这么不珍惜我送的礼物，我才不会送给你呢！"小亦真是气坏了。

　　"你爱送不送，我一点儿都不稀罕！"皮蛋儿说了句气话。

　　"你，你太讨厌了！"小亦哭着说，"我要找一个比你好一千倍的新朋友！"

　　"我再也不和你玩儿了，哼！"皮蛋儿也赌气地说。

　　就这样，他俩谁也不理谁了。

　　"我要赶紧找个新朋友，不然皮蛋儿会嘲笑我的！"小亦想。

隔壁班有个可爱的男孩儿，他每次考试都是全年级第一，小亦早就想和他做朋友了。可是，怎么才能和他成为好朋友呢？

　　小亦觉得也许钱能帮她。于是，她用攒的零花钱买了一个玩偶，打算送给这个男孩儿。

　　"这个礼物送给你，请你和我做朋友吧。"小亦对男孩儿说。

　　"谢谢，不过我不喜欢。"男孩儿淡然地说。

　　男孩儿这么一说，小亦就不好意思继续提和他做朋友的事儿了，只能重新选择目标。

　　他们班还有个成绩优异的男同学，他还会吹萨克斯呢。小亦特别佩服他，也和他一起玩儿过，不过他俩的关系还没到特别要好的程度。小亦觉得如果把礼物送给这个男同学，也许会拉近他们之间的距离。

谢谢啦，可是我不喜欢。

送给你，咱们做朋友吧！

"嗨，这是我送给你的礼物。"这天，小亦把玩偶送给这位男同学。

"我很喜欢！谢谢你！"男同学高兴得不得了。

"那你能和我做朋友吗？"小亦又问。

"好呀！"男同学爽快地答应了。

放学后，男同学对小亦说："我们去荡秋千吧！"

"不，我喜欢跳绳，咱们比赛跳绳吧。"小亦说。

"可是我不喜欢跳绳。"男同学拒绝道。

"你应该让着我，陪我一起玩儿跳绳！"小亦生气地说。

"我为什么要让着你呢？"男同学不解地问。

"因为你是男孩儿，男孩儿应该让着女孩儿啊！"小亦认为这是理所当然的。

"好吧，不过仅此一次，你不能总要求我让着你啊！"男同学也有点儿不高兴了。

小亦和男同学玩儿的时候，总会因为一些小事儿吵闹。小亦并不开心，她觉得自己更喜欢和皮蛋儿玩儿。

　　这天，羽灵姐姐约小亦、咚咚、皮蛋儿到小区的公园玩儿。

　　小亦和皮蛋儿见面后觉得很尴尬，扭扭捏捏的，谁也不好意思先开口和对方说话。

　　"你们两个都别扭这么久了，也该和好了，我们一直是最好的朋友呢！"羽灵姐姐劝道。

　　找新朋友这件事儿让小亦很受打击，也意识到皮蛋儿才是自己最好的朋友，她主动对皮蛋儿说："皮蛋儿哥哥，我之前说话有点儿过分，其实你才是我最好的朋友。"

　　皮蛋儿也不好意思地说："我也有不对的地方，不该把你送我的礼物给别人，还跟你吵吵嚷嚷的，对不起。"

　　"那我们俩和好吧。"小亦笑着说。

　　"我早就想跟你和好了！"皮蛋儿高兴地说。

我总算知道了，钱是买不来友谊的。

　　他们终于和好如初了。小亦还把她用礼物"收买"友谊的事情讲给大家听，羽灵姐姐听后笑着说："你可真逗，钱怎么可能买到友谊呢！"

　　"可不是嘛，这次我可是深有体会呢！"小亦说。

　　"金钱也买不来亲情！"羽灵姐姐说，"亲人之间的感情，更是不能用金钱衡量的。"

　　"就像不管爸妈有没有钱，我们都一样爱他们。"小亦说。

　　友谊就是朋友之间的感情，这种感情和血缘、贫富、贵贱都没有关系，而是建立在双方互相欣赏的基础上，互帮互助，同享快乐，共担悲伤。

　　亲情就是亲人之间的感情，父子情、母子情、祖孙情、手足情等都是亲情。

这怎么可能？

"是啊，我有个表姨就特别重视亲情。"羽灵姐姐讲道，"上次我去她家玩儿时，发现她家多了一位老爷爷，表姨说以后这位老爷爷就和他们一起生活，是新的家人。你们猜这位老爷爷是谁？"

"是她的爸爸吗？"咚咚问。

"不是。"羽灵姐姐摇摇头说。

"那是她的公公吗？"小亦问。

羽灵姐姐又摇摇头，说："你们肯定猜不到，这位老爷爷是她的姑父。"

"姑父？"三个小朋友都很不理解。

"他为什么不和自己的儿女住在一起呢？"咚咚很纳闷儿。

"因为他没有儿女，他一直对我表姨很好。自从表姨的姑姑去世后，他就一个人生活，表姨觉得他无依无靠，就把他接到自己家里来，像对待父亲一样照顾他。"羽灵姐姐说。

"这位老爷爷怎么不去养老院呢？"咚咚问道。

"老爷爷是个普通的农民，除了最基本的养老金外，没有多余的收入，根本没钱去住养老院。"羽灵姐姐说。

"哦，这么说，你的表姨要一直照顾他了？"小亦问。

"对呀！"羽灵姐姐说。

"你的表姨真是太无私了！"小亦说。

"嗯，亲戚们都是这么夸奖她的，说她重感情，我也很喜欢她！"羽灵姐姐笑着说。

不是闺女，
胜似闺女。
人间有爱。

第4章

为梦想而努力的人更快乐

学生刻苦学习，作家伏案创作，运动员在赛场上为国争光，科学家在实验室夜以继日地工作……他们这么辛苦到底是为了什么呢？是为了金钱吗？不，他们是为了梦想，为了实现自我价值。这比只为获得金钱而努力更快乐、更幸福、更有干劲儿。

咚妈特别喜欢跳舞，经常抽时间练习舞蹈。

我的梦想是当个舞蹈家！

"妈妈，您又不是舞蹈演员，干吗这么辛苦地练舞蹈啊？"咚咚和小亦问道，担心妈妈太累了。

"你们不知道，我小时候的梦想就是成为一名舞蹈演员，可是现在成了一名干果店的老板。不过没关系，这一点儿也不影响我对舞蹈的热爱。"咚妈笑着说。

"一开始我只是很享受站在舞台上备受关注的感觉，后来我是真的爱上了舞蹈，就算没有舞台，我也会跳得很开心。"咚妈非常享受地说。

咚妈看他俩一副不太明白的样子，就问："那你们为什么学习啊？"

"这个问题太简单了！学习是为了有个好成绩，将来考个好大学，找份好工作，挣很多钱，让自己过得富裕一些啊！"咚咚说。

"我也是这么想的！"小亦说。

为了实现梦想而读书……

"你们说得不准确。学习的目标不能只是为了挣钱，还要让自己变得更优秀，生活得更充实、更精彩。"咚妈说。

"不管是为了什么，反正都要学习啊！"小亦觉得妈妈说得有点儿太复杂了。

"可是如果目标不同，学习的效果就会有很大差别啊！"咚妈说。

"能有什么差别啊？"小亦更迷惑了。

"如果是为了梦想而学习，就会学得更有动力、更快乐；如果是为了挣钱而学习，就会有很大的压力。好了，这个问题以后再讨论吧，我得赶紧去上舞蹈课了。"咚妈说着就赶紧出门了。

梦想是什么呢？梦想就是我们对未来的期望，我们的人生目标。有了梦想，我们就找到了奋斗的方向，获得了勇往直前的力量，看到了美好的希望。我们要不断关注自己的兴趣，留心什么是自己热爱的事情，找到自己的梦想。把梦想当作一颗种子，去浇灌、呵护，让它长大。

小亦和咚咚依然沉浸在和妈妈讨论的话题中，他们问爸爸："妈妈说学习的目的不只是挣钱，还说为梦想学习和为挣钱学习有很大区别，这是真的吗？"

"当然是真的了！"咚爸说，"我的两个朋友就是最好的例子了。"

"到底是怎么回事儿？您快讲嘛！"小亦催促道。

"我上学时有两个朋友，你们应该叫李叔叔和江叔叔。"咚爸接着讲述，"李叔叔一直梦想着成为作家，平时除了上课就是去图书馆看书，经常写作到半夜。他为了开阔自己的眼界，一到寒暑假就去各个地方游览，结识了很多人，见过很多事儿，写作水平也提高了。"

"那他后来成为作家了吗？"咚咚忍不住问道。

"他虽然发表了不少文章，但并没有成为知名作家，现在是一名中学语文教师，也很不错。"咚爸说。

"太可惜了！他明明这么努力！"咚咚很替这位李叔叔感到惋惜。

"有什么可惜的，他虽然没有成为知名作家，但他把自己的写作经验都传授给他的学生们，他教过的学生中有不少人在杂志、报纸上发表过文章呢！"咚爸说。

"这样看来，他很有可能成为作家们的老师，也很有成就感呢！"小亦十分钦佩地说。

"可不是嘛！他这十多年一直过得非常充实、快乐，我们很多同学都特别羡慕他。"咚爸说。

"那江叔叔呢，他经历了什么？"小亦追问道。

"这位江叔叔和李叔叔的差别很大，他上学时就发誓毕业后要努力挣钱，做一个有钱人。上大学期间，他一直学习各种挣钱的技能，还忙着考各种能帮他获得高薪岗位的证书。"咚爸说。

"他后来变成有钱人了吗？"咚咚很关心这个问题。

"是的，他的确变成了有钱人。"咚爸说。

"江叔叔也好棒呀，实现了自己的目标。"小亦也很佩服他。

"可是，这位江叔叔说他自己并不快乐。"咚爸说。

"这是为什么呢？"咚咚好奇地问。

"因为除了挣钱之外，他没有其他的追求和爱好，生活过得很单调、乏味。"咚爸说。

"唉，看来只为挣钱而学习真的不行啊。"咚咚和小亦终于明白咚妈的意思了。

"你有梦想吗？"咚爸问小亦。

"当然有啦，我想当护士，救死扶伤，减轻病人的痛苦。"

"那你可要好好努力啊！"咚爸鼓励她说。

小亦说出自己的梦想、明确目标后，学习更有劲头了，因为她知道，只有学好知识，考上医科大学，她才能成为非常专业的护士。半个学期过去了，小亦最大的变化就是成绩提高了，老师还在全班同学的面前夸奖她呢。

　　好朋友们听说小亦成绩进步的消息后，都说："小亦，快把你的学习秘诀告诉给我们吧！"

　　有一家网站曾经做过这样一个调查——"谁是世界上最幸福的人"，在近十万个答案中，最受人推崇的答案有两个：一个是欣赏自己作品的画家，一个是用沙子堆城堡的儿童。可见，最幸福的人并非最有钱的人，而是心怀梦想，并为梦想付出努力的人。

小亦大方地和朋友们分享自己进步的秘诀："我只是有了梦想而已，每天都为梦想努力，所以就进步了。"

"我也有梦想！我想当个摄影师。"咚咚说。

"那你已经开始学习摄影了吗？"皮蛋儿问。

"那倒没有，不过我妈妈给我买了一个小相机，让我拍自己喜欢的东西。"咚咚高兴地说，"我拍了很多美景和人物。"咚咚说着，还把今天早晨拍的照片拿给大家看。

"哇，好漂亮啊！"朋友们惊呼道。

看完咚咚拍的照片后，小亦由衷地为哥哥感到骄傲。此外，她还得知一个好消息：妈妈前两天参加本市业余舞蹈大赛得了第二名，还获得了奖牌。

"看，这不就是学舞蹈得到的回报吗？"咚妈说。

"您真是太棒了！"小亦由衷地替妈妈感到高兴。

第 5 章

钱和责任哪个更重要

　　现在，很多小朋友懂得了金钱很重要，也有了节约意识，不再乱花钱，并学会了存钱。但是，有时候小朋友在生活中难免会犯一些错误，这时，可能既害怕被批评，又害怕自己的钱受到损失。那么，请小朋友想一想：钱和责任哪个更重要？

今天轮到小亦做值日，她是最早到班里的。她看到挂在墙上的钟表脏了，就拿着抹布去擦拭，结果一不小心，钟表掉到地上了。小亦捡起钟表检查了一下，天啊，指针居然不走了！

"钟表是我弄坏的，我应该拿自己的钱来赔，可是这段时间我根本没有存下什么零花钱，总不能找爸爸妈妈要吧？怎么办，怎么办？"小亦着急地想。

她突然想到一个"好"主意：把钟表重新挂到墙上，假装什么都没有发生过。她迅速看看四周，班里其他同学还没到。

上课了，班主任李老师走进教室。她看了一眼钟表，发现指针不走了，就走过去查看，结果发现钟表被摔坏了。

"刚才谁碰过钟表吗？"李老师问，"如果是哪位同学不小心把钟表摔坏了，要尽快承认错误啊！"

同学们你看看我、我看看你，都摇着头说"没有"。

小亦头都不敢抬起来，假装在看书。

由于没有人承认，李老师也就没再追究。小亦稍稍松了一口气。

放学后，走在回家的路上，咚咚小声对小亦说："早上我经过你们班，碰巧看到你不小心把钟表摔了，又悄悄把钟表挂了回去。"

小亦的脸顿时红了，不知道该说什么。

咚咚说："你去找老师承认错误吧，老师会原谅你的。"

"可是，老师明明不再追究这件事情了，我干吗去承认错误啊？"小亦说，"而且我的零花钱都花完了，没有钱赔，你能帮我隐瞒这件事儿吗？"

咚咚看她可怜兮兮的样子，就说："好吧，我就当作什么都没看到。"

回家后，咚咚趁小亦没在客厅时，把这件事儿告诉了父母，还得意地说："看我这个哥哥多好，帮了小亦这么一个大忙，不然同学们就知道钟表是她弄坏的了。"

总算瞒过去了。

咚妈却说:"你这样做可不对。"

"为什么？我只是想帮帮她嘛。"咚咚说。

"我理解你的好意。但是当妹妹犯了错误时，我们有责任督促她改正错误，让她学会承担责任，你这样做对小亦是没有好处的。"咚妈说。

咚咚想了想，觉得妈妈说得很有道理，决定再找小亦谈谈。

"小亦，我觉得你还是去向老师承认错误吧。"咚咚说。

"不要，我只是为了擦干净它，不是故意摔坏它的，而且一个钟表要好几十元呢，我没有钱！"小亦不高兴地说。

什么是责任呢？责任有两层意思：一是我们应尽的义务，比如对自己、对朋友、对家庭、对社会的义务等；二是我们应该承担的错误，比如弄坏别人的东西要赔偿等。

咚妈生气地把小亦叫到身边，说："我刚才听到你们的对话了，你居然因为几十元钱而不承认错误，这样做太不对了！"

"呜呜，可是我没有零花钱了！"小亦委屈地哭着说。

"没有钱你可以先向我们借，怎么能因为这个理由推卸责任呢？"咚妈严肃地说。

"妈妈，我知道做错了。"小亦抽泣着说。

"你明天就去向老师承认错误。赔钟表的钱我可以借给你，但是接下来的两个月你都没有零花钱了。"咚妈说。

"好吧。"小亦擦干眼泪说。

第二天一到学校，小亦就鼓足勇气来到李老师的办公室，向她坦白了一切。

"没关系，你能知错就改，就是个好孩子。"李老师说。

"老师，这是我赔偿的钱。"小亦把钱递给李老师。

"不用啦，我已经用班费买了新的钟表了。"李老师笑着说。

"不可以的，我妈妈说了，一定要为自己的错误承担责任，您就收下吧。"小亦说。

"那好，我收下了！"李老师收下钱，夸奖了她。

这件事儿结束了，小亦虽然损失了一笔钱，但认识到承担责任远比金钱更重要。经过这件事儿，她也更信任咚咚了，因为他劝自己要勇于承担责任，是真心为自己着想。

小亦向咚咚道了歉，还真诚地说："你真是个好哥哥！以后我们要互相监督，一起进步。"

"没问题！"咚咚拍着胸脯说。

帮助弱小能要报酬吗

看到路边行乞的人，我们总会忍不住递给他一两元钱；看到地震后无家可归的小朋友，我们会伤心难过……这到底是为什么呢？因为我们都有一颗怜悯和想要帮助弱小的心。可是，帮助他人之后能要报酬吗？

　　咚咚一路唱着、跳着往家走，他在学校就把家庭作业写完了，所以心情特别好。走进小区后，他发现邻居家的孩子、同班的乐乐正坐在路边的石凳上发呆。

　　"乐乐，你怎么一个人坐在这儿发呆啊？"咚咚走过去问道。

　　"唉，今天数学课上讲的内容太难了，我都没怎么听懂！"乐乐发愁地说。

　　"哪儿不懂，我给你讲讲吧。"咚咚说。

　　"好啊！"乐乐笑了。

　　咚咚拿出数学课本，把今天学的知识点给他讲解了一遍。

　　"咚咚，你讲得太棒了，谢谢你！"乐乐兴奋地说。

　　"哈哈，这没什么！"咚咚笑着说。

　　咚咚刚准备回家，乐乐一把拉住他说："为了感谢你，我要请你吃冰激凌！"

　　咚咚想都没想就点头答应了。

　　咚咚高兴地吃着冰激凌往家走，到家了都还没吃完。

　　"咦，你的零花钱不是花完了吗，哪儿来的钱买冰激凌啊？"咚爸问道。

"嘿嘿，这是我自己挣来的。"咚咚笑着说。

"哦，快说说你是怎么挣来的？"咚爸十分好奇。

咚咚把他帮乐乐补习功课的事情给咚爸讲了一遍。

"怎么样，我很牛吧！"咚咚得意地说。

"嗯，你能帮同学补习功课，的确是挺牛的。"咚爸顿了顿说，"不过，我觉得这件事儿你做得不够好。"

"啊？哪里不好？"咚咚边吃冰激凌边问。

"你不应该心安理得地接受乐乐的冰激凌。"

"可是这是他自愿给我买的，而且我也帮他补习功课了呀。"咚咚觉得这没什么大不了的。

"那你是自愿帮乐乐补习功课的吗？"咚爸问。

"当然是啊！"咚咚回答。

"既然你是自愿的，为什么要收下乐乐买的冰激凌呢？"咚爸又问。

补习功课
我最强！

"因为我想吃冰激凌了。"咚咚难为情地说。

"你想吃可以和爸爸妈妈说呀，我们会给你买的，随便吃别人买的东西可不好。"咚爸说。

"我知道了。"咚咚说。

"最重要的是，帮助弱小是我们应该做的，不可以要报酬。"咚爸又说。

"可是，乐乐和我一样大，既不弱也不小，我帮助他为什么不可以得到一点儿报酬呢？"咚咚辩解道，"再说了，又不是我主动要的。"

"你对弱小的理解太简单了，其实只要在某一方面不如你的人，对你而言都是弱小的。"咚爸说。

咚爸还想继续向他讲解，这时咚妈刚好进门，打断了他们的对话。

我可以帮你！

"咱们社区组织大家给灾区捐物品。咱们吃完晚饭后，要把家里的旧衣服、旧书等打包好，邮寄给灾区。"咚妈说。

"那咱们赶紧吃饭吧。"咚爸说。

小亦和咚咚也主动要求参与这件事。

我们总说要帮助弱小，但什么样的人才算是弱小的人呢？一般来说，凡是在某些方面比我们弱的人，都是弱小的人。比如力量比我们弱的人、身材比我们瘦小的人、年龄比我们小的人、经济条件不如我们的人、学习成绩低于我们的人，等等。从全社会的角度来看，弱小的人包括老、幼、病、残、孕等。

一家人吃完晚饭，马上动手整理各种旧物。

"妈妈，这些东西咱们都要白送给灾区的人吗？"咚咚边收拾边问。

"对呀。"咚妈回答。

"我觉得社区应该给咱们一些报酬。"咚咚说。

"这些都是咱们自愿的，怎么能要报酬呢？"咚妈说。

"可是，这些东西都是爸爸妈妈用自己的钱买的啊，就这样白白送人，不是很可惜吗？"咚咚还是想不通。

"咚咚，如果有人意外落水后，被一个好人救了起来，那么这个获救的人该给那个好人多少钱呢？"咚爸问他。

咚咚想了一会儿，说："我觉得给多少钱都不够，因为生命是无价的。"

"可是好人救了落水的人之后，连名字都没有留下就走了，根本就没要一分钱。"咚爸说。

咚咚想象着咚爸所说的画面，沉默了一会儿，说："人家救了别人的性命都没有要报酬，我们做这点儿小事儿，就更不能要报酬了。"

"对呀，帮助别人有时只是举手之劳，如果这都要报酬的话，那我们的社会就太没有人情味儿了。"咚妈说。

"您说得对。"咚咚若有所思地点点头说。

第二天上学时咚咚找到乐乐，对他说："对不起，我昨天不该要你的冰激凌。"

"没关系啊！"乐乐说，"你帮我补习功课，我很乐意请你吃冰激凌啊！"

"我知道，可是我不该因为这个让你花钱。"咚咚接着说，
"如果你以后遇到不会做的题，可以随时问我。而且你不用再
请我吃冰激凌，因为帮助同学是我应该做的。"

　　"真是太谢谢你了！"乐乐笑道。

　　又放假了，咚咚一家人去乡下爷爷奶奶家玩儿。咚咚上幼
儿园大班的堂妹也在爷爷奶奶家，这下可热闹了。

　　这天，爷爷和咚爸要下地锄草，咚咚和堂妹都嚷嚷着要一
起去。

　　"好吧，但是你们要听指挥，不能把庄稼踩坏了。"爷爷笑
着说。

　　"没问题！"咚咚和堂妹齐声说。

放假了，
好开心！

四人一起来到田地里，锄草的锄草，捉虫子的捉虫子，配合得特别好。

突然下起了小雨，可是他们只有一件雨衣。咚爸连忙把雨衣给爷爷披上，爷爷却转手把雨衣给咚咚披上，咚咚又把雨衣给堂妹披上。

"咦，为什么大伯把雨衣给爷爷，爷爷把雨衣给哥哥，哥哥又把雨衣给我呢？"堂妹问。

"因为你最小，最需要被人照顾呀！"咚咚笑着说。

堂妹想了想，把雨衣撑开，给脚下的小苗挡雨。

"小苗比我小，我应该照顾它。"堂妹认真地说。

"哈哈哈，小苗需要雨水才能长大呢，你不用照顾它！"咚咚大笑着说。

大家听了咚咚的话，都笑了。

第 7 章

快乐的义务劳动日

为什么有的人看到地上的烟头、纸屑会随手捡起来扔进垃圾桶？为什么有的人从来没有得到过报酬，却依然主动热情地做值日？这些都是无私奉献的魔力，它能让人们在无偿劳动中获得很多快乐。

"明天是周六，我要和爸爸妈妈还有哥哥一起去郊游。"周五在学校时，小亦已经有了计划。

放学后，她刚走进小区就看到公告栏张贴的"义务劳动倡议书"，原来是社区组织大家明天进行义务劳动，小亦并没在意。

"爸爸妈妈，我们明天去郊游吧！"小亦一进门就大声说。

"宝贝儿，恐怕不行啊，因为我们已经报名参加社区组织的义务劳动了。"咚爸说。

"真是的，那个义务劳动的地方又不在我们的小区内，为什么要我们去义务劳动呢？"小亦有点儿生气地说。

"可是，那里依然属于我们的城市啊，为我们的城市做义务劳动，有什么不可以的。"咚妈说。

"你们工作一个星期已经很辛苦了，好不容易休息，不是应该好好放松一下吗？我们还是去郊游吧！"小亦说。

就知道义务劳动，都没时间陪我了！

　　"你们在学校学习也很辛苦，为什么学校还要经常组织你们义务劳动呢？"咚妈问她。

　　"您忘了，每次学校组织义务劳动的时候，我不是病了就是有其他事情，根本就没有参加过。"小亦说。

　　"所以你才不知道义务劳动的快乐啊！"咚妈接着说，"义务劳动可以让我们在干活的过程中体会到无私奉献的乐趣。"

　　"好吧。"小亦勉强答应了。

　　美好的郊游计划泡汤了，小亦的心情不太好，心想如果能有个好朋友和她一起去义务劳动，她可能会高兴点儿。

　　"羽灵姐姐，你们明天去参加义务劳动吗？"小亦打电话问羽灵姐姐。

　　"去啊，你呢？"羽灵姐姐问她。

　　"太好了，我们也去！"小亦高兴地说。

什么是义务劳动呢？就是劳动者自愿进行的公益劳动，不要任何报酬。

"这里可真脏啊！"小亦看到道路上的垃圾和脏乱的草坪后，感叹道。

"让我们挥起扫帚，把这里打扫得干干净净！"咚咚拿着一把扫帚说。

说干就干，参加义务劳动的人有的扫地，有的清理草坪，有的清理电线杆上的小广告，大家都干得很起劲儿，只有小亦不那么积极，拿着扫帚东扫一下、西扫一下。

"小亦，你这样干活可不行。"咚爸对她说。

"这只是义务劳动，又没人监督，干吗那么严格？"小亦并不在意。

"虽然是义务劳动，但也不能敷衍啊！我们做事情的态度是：要么不做，要做就一定做好。"咚爸严肃地说。

"小亦，如果我们在学校做义务劳动的时候偷懒了，也会被老师批评的。"咚咚告诉她。

小亦知道自己做错了，开始认真扫起地来。

不到半天，大家就完成了任务。看着干净的道路、整洁的草坪，大家都很有成就感。

"我们好棒啊！"小亦高兴地说。

"今天真的很累！明天你想去郊游吗？"咚爸问。

"当然想啊！"小亦兴奋地说。

"那你要先把作业写完哟。"咚妈说。

"没问题，我今天就能把作业写完！"小亦高兴极了！

虽然参加义务劳动有点儿累，但我很开心！

不久，学校一年一度的"义务劳动日"到了。

"今年的义务劳动就是给学校大扫除，我们年级负责打扫办公楼。"咚咚的班主任王老师告诉大家。

劳动日这天，同学们有的拖地，有的倒垃圾，有的擦玻璃，大家都很忙碌。

咚咚他们几个把老师的办公室打扫得干干净净。

他们刚要离开办公室，一位老师走了进来，惊讶地说："你们打扫得真干净啊！"

他们几个听了还有点儿不好意思呢。

"来，奖励你们每人一盒饼干。"这位老师拿出几盒饼干分给他们。

参加义务劳动，可以帮助我们锻炼身体，让我们爱上劳动，也能增强我们的团队合作能力，提升我们的社会、集体责任感，让我们感受到无私奉献的快乐。

咚咚说："谢谢老师，我们不能要，因为这是义务劳动。"

其他同学也说："对，我们不能要老师的礼物。"然后就赶紧走了。

劳动结束后，大家回到教室里，王老师夸奖大家做得很好，还特别表扬了咚咚他们几个。

"咱们班有几个同学打扫完办公室后没有收老师的礼物，我们都要好好向他们学习，义务劳动不要报酬。"王老师对大家说。

同学们为咚咚他们几个热烈鼓掌，他们心里美滋滋的，比得到一个星期的零花钱还高兴呢。

第 8 章

我们不能为了钱去做违法的事情

金钱有时像天使，能帮我们解决许多麻烦，能让我们生活得更富裕；金钱有时又像魔鬼，会驱使一些人做出违法的事情。其实，金钱没有任何过错，关键在于我们对待金钱的态度，我们绝不能因为金钱的诱惑而做出错误的选择。

小亦和咚爸看了一部电影——《天才枪手》，影片讲的是天才少女小琳经常用帮他人考试作弊的方式挣钱的故事，好在她最后认识到自己的错误，主动向警方自首，接受了应有的处罚。

"小琳真是太厉害了，居然利用这么高级的方法帮他人作弊，而且还挣了这么多钱！"小亦感叹道。

"小琳的这种行为可不是普通的作弊，而是犯罪。"咚爸严肃地说，"她这么聪明，如果不是被金钱诱惑做了违法的事情，一定会成为非常优秀的人，真是太可惜了！"

"但她也挺可怜的，如果不是因为太穷了，她是不会这么做的。"小亦说。

"这个世界上的穷人不止她一个，为什么她会犯这种错误呢？"咚爸问小亦。

"嗯，因为她很聪明，有能力帮别人作弊。"小亦回答。

聪明就是好，做什么都很容易！

聪明要用在正道上。

"如果所有学生都像她这么做，会怎么样呢？"咚爸又问。

小亦想了一会儿，说："那我们的考试就没有用了。"

"不但考试变得没有用，这些学生的人生也会被毁掉。"咚爸接着说，"用非法手段获取财富，总有一天会受到法律制裁。"

"还好小琳最后主动承认了错误。"小亦说，"那些让小琳帮忙作弊的学生也真可恶，仗着家里有钱就胡来，法律为什么不惩罚他们呢？"

"很多国家都没有把考试作弊纳入犯罪的范畴，不过学校会严格处理的。"咚爸说。

"我是不会帮别人作弊的，给多少钱都不干！"小亦说。

回家看电视时，他们又聊起一些人为了金钱而违法犯罪的新闻。咚妈这时进门了。

"你们父女俩在聊什么？表情这么严肃。"咚妈问。

"我和爸爸在讨论一个非常高深的话题。"小亦故作神秘地说。

"哦，什么话题？"咚妈很好奇。

"关于金钱和犯罪的话题。"小亦回答。

"哟，那的确挺高深。"咚妈笑着说，"那你学到了什么？"

"不能为了钱做违法的事情呀。"小亦说。

"看来你学得不错。"咚妈接着说，"我也知道一个为了金钱而犯罪的故事，你想听听吗？"

"当然想听啦！您快说，快说！"小亦非常好奇。

"一个大学生因为缺钱，就在各个网络平台上贷款，那些贷款利滚利，数额越来越大，后来那个学生就还不起钱了。"咚妈讲述道。

"那他该怎么办呢？"原本在写作业的咚咚也凑过来问。

"他不知道该怎么挣钱，就开始偷同学的钱，还偷父母的钱。"咚妈接着说。

"天啊，那不就变成小偷了吗？"小亦惊讶地说。

"可不是嘛！有一次他偷钱的时候被人发现了，还好他把钱还给人家了，不然就要被警察抓走了。"咚妈严肃地说。

"这次他应该知道自己的错误了吧？"咚咚说。

"他的确知道自己犯错了，非常自责。"咚妈的表情十分凝重。

"他借的那些钱该怎么还呢？"咚咚追问道，脑子里紧张地想象着各种画面，仿佛身临其境。

"他只是个学生，哪儿有钱还啊。他的父母把房子卖了才把钱还上了。"咚妈同情地说。

"唉，真是不幸啊！"咚爸接着说，"那他们一家人最后过得怎么样？"

"虽然房子卖了，但这一家人不用再为债务担心了。父母继续打工挣钱，这个学生也在父母的劝导下好好上学去了。"咚妈说。

"钱可真不是个好东西，总是让人们为它犯错！"小亦生气地说。

"傻孩子，这不是金钱的错，而是这些犯错的人自己的选择。"咚妈说。

"如果你缺钱了，会怎么办呢？"这时，咚爸问她。

"我可以自己摆地摊儿挣钱！"小亦十分有底气地说。

"不错，你比那个大学生还要懂事，最起码知道用正确的方法挣钱！"咚爸笑着说。

钱有时候真不是个好东西！

宝贝儿，你还小，主要的任务是学习。

妈妈，我还想做生意，您再给我点儿本钱呗！

　　古人说："君子爱财，取之有道。"如果我们缺钱了，该怎么办呢？如果是成年人，当然要靠自己的智慧、能力来挣钱，比如上班、创业、投资等，前提是不违背法律和道德。如果是未成年人，缺钱了当然要先告诉父母，因为未成年人的经济来源主要依靠父母。在父母的允许和帮助下，我们也可以尝试自己挣钱，但要适可而止，因为我们的主要任务是学习。

　　一天，小亦发现自己的旧水彩笔不能用了，打算去超市买一套新的，可是存钱罐儿里的钱不够了，怎么办呢？她看见咚妈的一件外套挂在衣架上，于是走过去摸了摸外套的口袋，拿出 20 元人民币。小亦开心地想："太好了，先借妈妈的钱用一下，等下个月有了零花钱再还给妈妈。"此时的她没有意识到自己的行为是偷窃。

从超市出来后，小亦碰到了哥哥咚咚。咚咚看着她手里的新水彩笔，问道："你的零花钱不是花完了吗，哪儿来的钱买水彩笔？"

"我悄悄从妈妈那儿拿了20元。"小亦小声对他说。

"啊？你这不是偷吗？"咚咚惊讶地说。

"嘘！我可不是偷，等下个月妈妈给我零花钱之后，我就会把钱还给妈妈的。"小亦解释道。

改天再还给妈妈！

"可是，我觉得你这样做是错误的，还是赶紧回家向妈妈坦白吧。"咚咚说。

"那可不行，万一妈妈生气了怎么办？把我当成坏孩子怎么办？"小亦担心地说。

"没事儿，我会帮你的！"咚咚说。

他俩回到家，把事情一五一十地向咚妈说清楚了。

咚妈一开始有点儿生气，不过想到小亦主动认错，就没有发火。

咚妈表情严肃地说："以后你缺钱要直接告诉妈妈，不能偷偷摸摸拿家里的钱。"

"我怕您不给我钱呀。"小亦委屈地说。

"但是妈妈可以借给你啊，等你有零花钱了再还给她。"咚咚说。

"咚咚说得对，你要用正确的方法得到钱。"咚妈说。

"我知道错了。"小亦羞愧地说。

"勇于承认错误并改正就是好孩子。"咚妈说。

"我保证，以后绝对不这么做了！"小亦认真地说。

小亦的问题解决了，咚咚也安心了，能帮助妹妹承认错误，他的心里很高兴。